Bibliografische Information der Deutschen Nationalbibliothek:

Die Deutsche Bibliothek verzeichnet diese Publikation in der Deutschen National-
bibliografie; detaillierte bibliografische Daten sind im Internet über http://dnb.d-
nb.de/ abrufbar.

Impressum:

Copyright © 2017 GRIN Verlag
Druck und Bindung: Books on Demand GmbH, Norderstedt Germany
ISBN: 9783668888371

Dieses Buch bei GRIN:

https://www.grin.com/document/460615

Markus Netter

Chancen und Risiken für Automobilzulieferer bedingt durch den Wandel vom Verbrennermotor hin zur Elektromobilität

GRIN Verlag

FOM Hochschule für Oekonomie & Management

Studienzentrum Nürnberg

Hausarbeit

zur Erlangung der Prüfungsleistung

Hausarbeit im Fach Technologiemanagement

über das Thema

Chancen und Risiken für Automobilzulieferer bedingt durch den Wandel vom Verbrennermotor hin zur Elektromobilität

von

Markus Netter

Abgabedatum: 28.02.2017

Inhaltsverzeichnis

Abkürzungsverzeichnis

bzw.	beziehungsweise
ca.	circa
CO_2	Kohlenstoffdioxid
EU	Europäische Union
F&E	Forschung und Entwicklung
gr.	Gramm
km	Kilometer
KVP	Kontinuierlicher-Verbesserungs-Prozess
NO_x	Stickoxide
OEM	Original Equipment Manufacturer
RMS	Risiko-Management-System
SCR	Selektive katalytische Reaktion
PKW	Personen-Kraft-Wagen
u.a.	unter anderem
UN	Unternehmen
to.	Tonne
V	Volt
v.a.	vor allem
z. B.	zum Beispiel

Abbildungsverzeichnis

Tabellenverzeichnis

1 Einleitung

Die Einleitung beginnt mit der Motivation, welche den Autor zum Aufgreifen dieses Themas bewogen hat. Gefolgt wird diese von der Zielsetzung und findet ihren Abschluss in einer Erläuterung zum Aufbau der Arbeit. Diese soll den Leser erfolgreich durch diese Arbeit führen.

1.1 Motivation

Mobilität ist ein Megatrend, der die Menschen und die Ökonomie seit Jahren prägt. Der Wunsch nach individueller Beweglichkeit ist in den letzten Jahren immer stärker gewachsen. Hierdurch haben sich viele Märkte ergeben und deren Bedeutung für die Volkswirtschaft von vielen Ländern ist enorm.

Die Automobilbranche ist für Deutschland wohl diejenige mit dem größten Volumen. Von Umsätzen und Mitarbeiterzahlen bis hin zu Forschungsinvestitionen trägt sie, wie keine andere, zur Mobilität der Kunden und einem Wohlstand in der Bevölkerung bei. Unter dem Megatrend gab es über die Jahre viele Makrotrends wie z. B. die Globalisierung. Einer der nächsten Makrotrends scheint sich auf die Art des Antriebes auszurichten. Um eine Alternative zu dem konventionellen Verbrennungsmotor zu finden, gibt es Ansätze welche sich damit beschäftigen, Elektromotoren in die Fahrzeuge zu integrieren. Die ersten Modelle haben bereits vor etlichen Jahren zur Marktreife gefunden.

Innerhalb der Automobilbranche kommt den Zulieferern eine wichtige Bedeutung zu. Die Unternehmen reichen von Kleinstbetrieben bis hin zu großen Konzernen. Sie müssen sich rüsten und vorbereiten, um einen möglichen Trend frühzeitig zu erkennen und ihr Produktportfolio rechtzeitig an die Marktgegebenheiten anzupassen.

1.2 Zielsetzung

Die vorliegende Arbeit soll Chancen und Risiken für Automobilzulieferer aufzeigen, die sich mit einem sinkenden Wachstumsmarkt für Verbrennermotoren und einem steigenden Markt für Autos mit Elektroantrieb konfrontiert sehen.

Die Unternehmen sind von einem komplexen Markt umgeben, den es zuerst zu analysieren gilt. Von der Ausgangslage hin zu einem zukünftigen Markt, durchlaufen die von Technologie stark beeinflussten Firmen den Wandel zu einer neuen Antriebsvariante auf unterschiedliche Art und Weise. Dies hängt von der Ausrichtung ihres Produktportfolios an der klassischen Antriebsvariante ab und inwieweit Veränderungen notwendig sind.

1.3 Aufbau der Arbeit

Der Autor beschäftigt sich zu Beginn der Arbeit mit einer Analyse der Ist-Situation in Form einer PESTEL-Analyse. Es soll aufgezeigt werden, wie sich der momentane Markt darstellt, da nur mit einer definierten Ausgangslage eine strategische Planung vorgenommen werden kann. Eine weitere Besonderheit dieser Branche ist die steigende Dynamik mit der die Akteure, z. B. OEM's oder Zulieferbetriebe, umgeben sind. Flexibilität und eine schnelle Anpassungsfähigkeit gewinnen zunehmend an Bedeutung. Folgend soll beleuchtet werden, welche Komponenten wie stark von einem Wandel betroffen wären. Vom Antriebsstrang bis zu Leichtbaumaterialen zur Gewichtsreduktion, damit abgeschätzt werden kann, in welchem Ausmaß sich der potentielle Wandel auf einzelne Zulieferer auswirken würde.

Im Anschluss wird eine Prognose darüber erstellt, wie sich der Markt entwickeln, sich Anforderungen verändern und Absatzzahlen möglicherweise in Zukunft darstellen könnten.

Darauf aufbauend werden Chancen analysiert welche ergriffen werden können, um sich Marktanteile zu sichern und die Technologieführerschaft zu erhalten bzw. nicht zu verlieren. Ebenso werden die Risiken betrachtet, mit denen sich die Firmen konfrontiert sehen. Diese müssen von den Unternehmen spezifisch aufgegriffen werden, welche eventuelle Gegenmaßnahmen zur Folge haben.

2   Aktuelle Marktsituation

Die Branche der Automobilzulieferer ist bedeutsam für die Wirtschaft und durch ihre Vielseitigkeit geprägt. Um im späteren Verlauf die Chancen und Risiken in diesem Bereich darstellen zu können, soll zunächst eine Analyse der aktuellen Marktsituation vorgenommen werden.

2.1   PESTEL-Analyse

Unter der Zuhilfenahme der PESTEL-Analyse kann das Unternehmensumfeld näher beschrieben werden. Betrachtet werden die spezifischen Marktgegebenheiten dieser Branche. Die Ergebnisse einer solchen Analyse dienen als Entscheidungsgrundlage für das strategische Management.[1]

Folgend sollen im Rahmen dieser Analyse die sechs Umfeldcluster, politische -, wirtschaftliche -, soziokulturelle -, technologische -, ökologische - und rechtliche Einflussfaktoren beschrieben werden.[2] In der ursprünglichen Form dieses Tools wurden nur die ersten vier Cluster betrachtet. Jedoch scheinen die ökologischen und rechtlichen Einflussfaktoren für den Automobilmarkt essenziell zu sein.

2.1.1   Politische Einflussfaktoren

Zahlreiche Maßnahmen und Regulierungen werden von politischer Seite vorgegeben und zwingen die OEM´s und folge dessen ebenso die Zulieferer zur Einhaltung gewisser Standards. Die EU-Verordnung zur Verminderung der CO_2-Emissionen von PKW gilt als die strengste aktuelle Regulierung. Sie zielt darauf ab, die durchschnittlichen CO_2-Emissionen pro gefahrenen Kilometer der Fahrzeuge der Fahrzeugflotte der OEM zu reduzieren. EU-Parlamente und EU-Rat legten diese Grenze auf 130 gr. CO_2 / km ab dem Zeitpunkt 2015 fest und diese Obergrenze, welche ab 2020 auf 95 gr. CO_2 / km für 95 % der neu zugelassenen PKW´s verschärft wird. Ab 2021 gilt dies für die gesamte Flotte. Um mit dieser Regulierung die Elektromobilität noch weiter indirekt zu fördern, können ab 2020 für zwei Jahre Elektrofahrzeuge mit 7,5 gr. CO_2 / km angerechnet werden.

Es existieren noch weitere Maßnahmen für Abgas- und Lärmemissionsgrenzen. Vorgeschrieben wird neben der Menge, die ein Fahrzeug an bestimmten Abgasen produzieren darf, noch die gestattete Höhe des Geräuschpegels, welcher durch ein Fahrzeug erzeugt wird. Es ergeben sich bei diesen Faktoren nicht nur länderspezifische Differenzen, sondern bis auf einzelne Städte und kleinere Gebiete kann es

---

[1] Vgl. Dr. Elke Theobald; Pestel-Analyse, 2017
[2] Vgl. Hüttenrauch und Daum, Effiziente Vielfalt, 2000, S. 5

unterschiedliche Regularien geben. Beispielhaft sind die Europlaketen für Städte und Ruhezonen, welche für bestimmte Städte eingeführt wurden.

Bedeutsam für die Elektroautos ist der „Umweltbonus". Besser bekannt als Kaufprämie für Elektroautos. Die Käufer von Elektroautos erhalten einen Zuschuss, je nachdem ob es sich um ein Plug-In-Hybrid, ein Fahrzeug mit Elektro- und Verbrennermotor, oder um ein reines Elektrofahrzeug handelt.[3]

2.1.2   Wirtschaftliche Einflussfaktoren

Unter den wirtschaftlichen Einflussfaktoren werden maßgeblich solche verstanden, welche durch die volkswirtschaftlichen Entwicklungen / Gegebenheiten bedingt sind.

Wie schwach bzw. stark eine Währung im Vergleich zu anderen Währungen steht, kann einen ökonomischen Vor- bzw. Nachteil erwirken.[4] Da Deutschland ein sehr exportstarkes Land ist, ist es besonders von Schwankungen der Währungen betroffen.

Auch der Preisdruck innerhalb dieser Branche stellt die Organisationen vor Herausforderungen. Die OEM's fordern eine Premiumqualität, liquiditätsintensive Entwicklungsvorleistungen und jährliche Preisnachlässe. Auf der anderen Seite werden die Kosten für Materialen und Rohstoffe teilweise sprunghaft erhöht.[5] Ein exemplarisches Beispiel sind Erhöhungen für Warmbandstähle von über 30 %, in 2016.[6]

2.1.3   Soziokulturelle Einflussfaktoren

Deutschland durchlebt einen demographischen Wandel, der auf einen Geburtenrückgang zurückzuführen ist. Es gibt im Verhältnis immer mehr ältere Menschen. Diese sind den Großteil ihres Lebens an Kraftfahrzeuge mit einem Verbrennungsmotor gewöhnt und viele wollen das auch von sich aus nicht ändern. Die berühmte „Schere zwischen arm und reich" wird weiter auseinander klappen. Ein Phänomen, das im Hinblick auf den Absatz von Standard- und Premium-Fahrzeugen und einem möglichen Rückgang von Mittelklassewagen im Auge behalten werden sollte. Auch die sich aufzeigende Veränderung im Bereich der Bildung der Bevölkerung kann sich hieraus auswirken. Immer mehr Personen streben eine akademische Laufbahn im ersten oder zweiten Bildungsweg an. Ihr steigendes Einkommen beeinflusst neben dem erwähnten Absatzmarkt zusätzlich die Eignungsprofile der Arbeitskräfte für die Unternehmen.

Ebenso von Bedeutung ist die wachsende Akzeptanz für innovative Antriebstechnologien und ein weiter steigendes Bewusstsein für den Umweltschutz.

---

[3] Vgl. Christoph M. Schwarzer und Matthias Breitinger, So funktioniert die Kaufprämie für Elektroautos, 2017
[4] Vgl. Hüttenrauch und Baum, Effiziente Vielfalt, 2008, S. 50
[5] Vgl. Siegfried Roth, Innovationsstrategie erfolgreicher Automobilzulieferer, 2008
[6] Vgl. stahlpreise.eu 2017, Stahlpreise Prognose 2017, 2017

2.1.4 Technologische Einflussfaktoren

Der Makrotrend des Verbrennungsmotors wird vorangetrieben, könnte künftig jedoch durch eine neue Antriebstechnologie beendet werden. Innerhalb des Megatrends der Mobilität scheint nun ein weiterer Makrotrend erheblichen Einfluss zu nehmen – der Umweltschutz.

Verschiedene Konzepte werden mit dem Ziel untersucht, eine umweltschonendere Antriebsvariante zu finden. Ein Elektroantrieb scheint vielversprechend, obwohl die Energiespeicherung ein essenzielles Problem darstellt. Es wird an Akkumulatoren, meist Lithium-Ionen basiert, und an Wasserstoff-betriebenen Speichern geforscht. Im Rahmen dieser Arbeit konzentriert sich der Autor auf die Speichermöglichkeit der Batterien.

Einhergehend mit dieser Technologie gibt es viele Komponenten und Systeme, die aus bisherigen Fahrzeugvarianten entfallen und hinzukommen. In den Kapiteln „3.1.1 Elektrifizierter Antriebsstrang" und „3.1.2 Konventioneller Antriebsstrang" wird näher auf diese eingegangen, um analysieren zu können, welche Zulieferunternehmen sich wie stark mit einem möglichen Wandel konfrontiert sehen.

2.1.5 Ökologische Einflussfaktoren

Umweltschutz ist eines der Schlagwörter, welche seit vielen Jahren an Bedeutung gewonnen hat[7]. Da der Verkehr erheblich zu den CO_2-Emissionen in der EU beiträgt, wird versucht, eine Reduktion zu erreichen.[8] Eine Senkung des Verbrauchs von fossilen Brennstoffen und eine damit einhergehende Ressourcenschonung treiben die Maßnahmen zur Förderung neuer Antriebstechnologien zusätzlich an.

Umweltschonende Prozesse werden bei den produzierenden Unternehmen erforscht und implementiert. Dies reicht bis zu einem umfassenden betrieblichen Umweltschutz-Management-System, das z. B. durch die Norm DIN EN ISO 14001[9] formuliert wird.

Nicht nur bei der Produktion, sondern auch dem Recycling von produzierten Gütern wird zunehmend Beachtung geschenkt. Eine hohe Wiederverwertbarkeit der eingesetzten Materialen wird angestrebt. Dies ist eine Forderung, welche von Seiten des Staates und von Seiten der Kunden immer wichtiger wird. Ein Aspekt, der vor allem Lithium-Ionen basierte Akkumulatoren vor Schwierigkeiten stellt.

2.1.6 Rechtliche Einflussfaktoren

Rechtsgebiete, mit denen sich Zulieferer und die Hersteller der Automobilbranche beschäftigen müssen, existieren in einem großen Umfang. Dies reicht vom Arbeitsrecht

---

[7] Vgl. Dünser, Strategische Erfolgsplanung in KMU, 2013, S. 8
[8] Vgl. bmub.bund.de, Die EU-Verordnung zur Verminderung der CO_2 – Emissionen von Personenkraftwagen
[9] Vgl. lfu.bayern.de, Betrieblicher Umweltschutz mit Umweltmanagementsystemen, 2014, S. 2

in den Firmen, über das IT-Recht mit dem vor allem bestimmte Funktionalabteilungen in Berührung kommen, bis hin zum Wettbewerbsrecht bei Interaktionen mit anderen Marktteilnehmern. Aufgrund der Größe und Vielseitigkeit der Branche ist eine detaillierte Betrachtung der einzelnen Rechtsgebiete nicht für den Umfang dieser Arbeit geeignet.

Erwähnt werden sollte dennoch die Bedeutung für die Organisationen. Zum einen existieren aufgrund von hohen Stückzahlen Risiken in der Branche. Damit werden Regressansprüche durch Skalierungseffekte verhältnismäßig schnell bedrohend. Bedingt durch die hohe Kundenzahl und mögliche Personenschäden die der Straßenverkehr mit sich bringt. Zum anderen legen die Betriebe selbst viel Wert auf rechtliche Absicherung bei Interaktionen mit Kunden und Lieferanten. Geschäftliche Gespräche werden ohne das vorhanden sein einer gültigen Geheimhaltungsvereinbarung in dieser Branche tendenziell überhaupt nicht geführt.

2.2 Dynamik des Marktes

Zwei Revolutionen hat die Automobilindustrie bereits erlebt. Eine dritte scheint nach Hüttenrauch und Baum unausweichlich.[10] Merkmale der bisherigen und potentiellen nächsten Revolution werden in der folgenden „Tabelle 1 Automobile Revolutionen – Darstellung als Innovationsformen" dargestellt. Zusammen mit einigen Aspekten, welche für die Zulieferindustrie von Relevanz sind.

Tabelle 1 Automobile Revolutionen – Darstellung als Innovationsformen

	1. Revolution	2. Revolution	3. Revolution
Merkmale	Industrialisierung, Massenproduktion [11]	Produktivitäts- und Qualitäts- verbesserung[12]	Alternative Antriebskonzepte, Mobilitätswirtschaft
Innovationsform	Radikal	Evolutionär	Disruptiv?
Antriebsart	Konventioneller Antrieb	Konventioneller Antrieb	Elektro-Antrieb?

Quelle: Eigene Darstellung

Verbrennungsmotoren und das Fahrzeug kosteneffizient und in Großserien produzieren zu können, war mit einer der zentralen Punkte der ersten Revolution. Kern der zweiten automobilen Revolution war die Produktion effizienter zu gestalten und die einzelnen Komponenten auf eine hohe Qualität zu bringen, der Lean-Management-Gedanke.

Nun sollen sich die Mitarbeiter, Ingenieure und Führungskräfte auf eine neue Technik

---

[10] Vgl. Hüttenrauch und Baum, Effiziente Vielfalt, 2008, S. 33
[11] Vgl. Hüttenrauch und Baum, Effiziente Vielfalt, 2008, S. 17
[12] Vgl. Hüttenrauch und Baum, Effiziente Vielfalt, 2008, S. 25

einlassen. Die Herausforderungen von dem Wandel von evolutionären Entwicklungen hin zu Innovationssprüngen wird in „Kapitel 5.4 Veränderung der UN-Kultur" näher erörtert.

Die durchschnittliche Markteinführungszeit, wurde über Jahre hinweg immer kürzer[13]. Diese Entwicklung könnte eine Änderung erfahren. Im Gegensatz zu den Verbrennermotoren sind die Elektromotoren und ihre Komponenten auf einem hohen effizienten Stand. Die Dringlichkeit für Wirkungsgradsteigerungen könnte abnehmen und Produkte länger in Serie bleiben. Dies würde sich auf die Entwicklungs-, Prozess-, und Absatzplanung der Lieferanten signifikant auswirken. Ein Effekt, der durch die zunehmende Bedeutung der Plattformstrategien verstärkt werden könnte. Es gilt diesen Trend zu beobachten, um eine Anpassung der Strategie rechtzeitig vornehmen zu können.

---

[13] Vgl. Roth 2012, Innovationsfähigkeit im dynamischen Wettbewerb, 2012; S. 40

3   Technologietrends

Das folgende Kapitel erörtert, wie künftige Technologietrends aussehen könnten und welche Wechselwirkungen durch die Elektromobilität mit den bisherigen Variationen entstehen. Im Zuge dessen wird auch aufgezeigt, welche Komponenten / Bereiche der bisherigen (konventionellen) Automobile wegfallen können und diejenigen die neu generiert werden. Darauf aufbauend ist eine bessere Erörterung möglich, da nicht jeder Zulieferer in gleichem Ausmaß betroffen ist, sondern dass sich eine Abhängigkeit seines Produktportfolios an dem Verbrennungsmotor ausschlaggebend auswirkt.

3.1   Antriebsstrang

Die Änderung des Antriebsstrangs bewirkt nicht nur einen Wechsel der Komponenten, sondern auch einen der Kompetenzen. Deshalb werden in „Kapitel 3.1.1 Elektrifizierter Antriebsstrang" und „Kapitel 3.1.2 Konventioneller Antriebsstrang" eine Aussage über die Änderungen der Komponenten, in tabellarischer Form, aufgelistet.

3.1.1   Elektrifizierter Antriebsstrang

„Abbildung 1 Hauptkomponenten in elektrifizierten Antriebssträngen" zeigt die Hauptkomponenten eines elektrifizierten Antriebsstrangs. Die einzelnen Komponenten werden in der „Tabelle 2 Hinzukommende Komponenten" noch ausführlicher beschrieben.

Abbildung 1 Hauptkomponenten in elektrifizierten Antriebssträngen

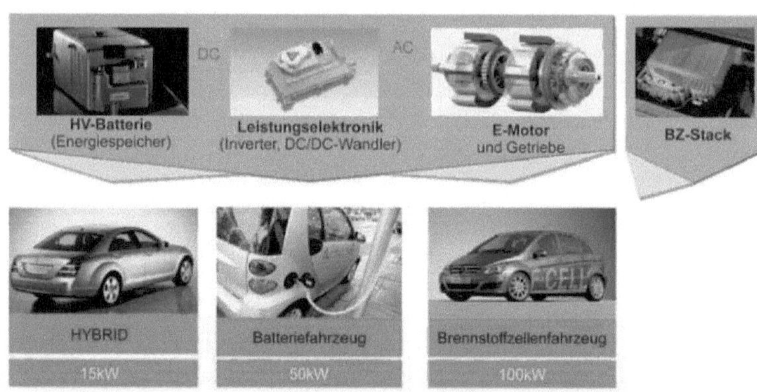

Quelle: Hüttl et al., Elektromobilität, 2010; S. 78

Tabelle 2 Hinzukommende Komponenten

Fahrzeugbereich	System	Bauteile
Antrieb	Traktions-Elektromotor	Stator/Rotor, Leistungselektronik
Bordnetz	Traktions-batterie	Zellen, Batteriemanagement, Gehäuse, Ladegerät
	Hochspannungs-netz	Absicherung/Verkabelung, Gleichspannungswandler (12 V)
Fahrwerk	Bremse	Bremspedal (by Wire), Steuergerät

Quelle: Eigene Darstellung in Anlehnung an Sommer, Länderspezifische Unterschiede bei der Veränderung von Geschäftsmodellen bei tiefgreifender technologischer Veränderung, 2016, S. 213

3.1.2 Konventioneller Antriebsstrang

Um abschätzen zu können, welche Kernbereiche des einzelnen Zulieferunternehmens wegbrechen können, ist die Auflistung der wegfallenden Bauteile sinnvoll. Damit kann jede Organisation das eigene Produktportfolio und deren mögliche Entwicklung dieses besser beurteilen. Es sollen frühzeitig Produktdiversifikationen unternommen werden, da diese einen sinkenden Absatz kompensieren können.

Tabelle 3 Wegfallende Komponenten

Fahrzeugbereich	System	Bauteile
Antrieb	Verbrennungs-motor	Kurbelgehäuse, Kurbelwelle, Kolben, Pleuel, Laufbuchsen, Zylinderkopf, Ventile, Nockenwellen, Nockenwellenverstellung, Gleitlager und Schmierung, Kühlkreislauf, Aufladung (Turbo, Kompressor), Motorsteuerung
	Kraftstoff-versorgung	Tankgefäß, Kraftstoffpumpe, Einspritzsystem, Leitungssystem
	Abgasanlage	Abgaskrümmer/-rohre, Drei-Weg-Katalysator, NO_x-Katalysator, SCR-System
	Kupplung	Scheibenkupplung, Hydrodynamischer Wandler
	Getriebe	Gehäuse, Zahnräder, Schaltvorrichtung, Kugellager, Schmierung
Fahrwerk	Lenkung	Hydraulische Lenkhilfspumpe, Hydraulischer Aktuator, Hydraulikleitungen
	Bremse	Unterdruck-Bremsverstärker, Bremspedal (mechanisch)

Quelle: Eigene Darstellung in Anlehnung an Sommer, Länderspezifische Unterschiede bei der Veränderung von Geschäftsmodellen bei tiefgreifender technologischer Veränderung, 2016, S. 213

3.2   Bedeutung des Leichtbaus

Die Kompensation des zusätzlichen Gewichtes durch die Batterie ist einer der zentralen Aspekte für den Autohersteller den Leichtbau bei Elektroautos einsetzen.[14] Der Einsatz dieser Materialien unterliegt einer Reihe an Anforderungen, die erfüllt werden müssen.[15] Diese reichen von Sicherheitsanforderungen bis hin zu Recycling-Quoten. Für Kleinserien können diese bereits erfüllt werden und finden Einklang in Nischen wie den Sportwägen.[16] Der Grund, warum der Einsatz in Großserien bislang scheitert, ist häufig einer Nicht-Einhaltung der geforderten Taktzeiten zuzurechnen.[17] Die Forschungsaktivitäten bemühen sich mit einer Reduzierung der Taktzeiten, um die Integration in Groß-Serienprodukte zu ermöglichen.

Die besondere Bedeutung, die dem Leichtbau zugeschrieben werden kann, liegt in der Möglichkeit die Technologie auf sämtliche Antriebsarten zu adaptieren und dem Durchbrechen der „Gewichtsspirale". Die Gewichtsspirale beschreibt prinzipiell die Steigerung der Masse des Fahrzeuges. Durch zusätzliche, v.a. sicherheits- und komfortrelevante, Anforderungen ist die Masse gestiegen. Durch die gestiegene Masse braucht es ein stabileres Fahrzeug und insgesamt einen Motor mit einer höheren Leistungsanforderung. Mit dem Leichtbau kann das Gewicht reduziert werden. Beginnend mit der Karosse aus Leichtbaumaterialien, sinkt die Masse. Die Komponenten müssen weniger Gewicht tragen und können durch den verringerten Leistungsbedarf selbst, in einer kleinerer Ausführung verwendet werden. Dies setzt sich durch das Fahrzeug fort, bis zum Motor, der selbst auch an Gewicht verliert und so zu einem verringerten Energieverbrauch führt. [18]

---

[14] Vgl. Andreas Burkert, Wenn der Leichtbau der Elektromobilität Flügel verleiht, 2017
[15] Vgl. Wolfgang Schade et al., Zukunft der Automobilindustrie, 2012, S. 112
[16] Vgl. Wolfgang Schade et al., Zukunft der Automobilindustrie, 2012, S. 112
[17] Vgl. Landgraf Forschungsprojekt e-performance, 2013, S. 57
[18] Vgl. Friedrich, Leichtbau in der Fahrzeugtechnik, 2013, S. 40 - 41

4   Zukünftiger Markt

Das Kapitel über den zukünftigen Markt wird sich mit Faktoren beschäftigen, welche für die Positionierung für die Unternehmen auf dem zukünftigen Markt von grundlegender Bedeutung sind.

Mit zu einem der bedeutsamsten Faktoren zählt die Marktdurchdringung der Elektromobilität. Nach aktuellem Stand können Elektrofahrzeuge tendenziell eher einer Nischentechnologie zugeordnet werden. Der künftige Markt wird charakterisiert durch einen steigenden Anteil von elektrifizierten Fahrzeugen[19]. Um weitere Marktanteile gewinnen zu können ist vor allem eine Reduktion der Preise für die Batteriespeicher und eine Erhöhung der Reichweite der Fahrzeuge notwendig. Diese Ziele wirken komplementär, sind jedoch aufgrund noch ausstehender erfahrungsbedingter Rationalisierungseffekte bei der Produktion und weiterer technischer Innovationen möglich[20]. Das Absatzvolumen kann folglich noch stark steigen und würde sich somit auch auf die Absatzzahlen der Elektrokomponenten auswirken.

Da sich die Komponenten grundlegend von denen eines verbrennungsmotorbetriebenen PKW unterscheiden ist es unumgänglich, an revolutionären Innovationen zu arbeiten. Die letzten Jahre waren im Bereich „Automotive" von dem KVP-Gedanken geprägt. Eine langsame, stetig wachsende Effizienzsteigerung und Kostensenkung war das Ziel der Unternehmen[21]. Aufgrund der technischen Unterschiede der Antriebsvarianten braucht es zunehmend Innovationssprünge welche die Unternehmen nicht nur vor technische Herausforderungen stellt, sondern auch eine gedankliche Umstellung für Mitarbeiter und Führungskräfte voraussetzt. Hierauf wird in „Kapitel 5.4 Veränderung der UN-Kultur" näher eingegangen.

Entwicklung und Produktion dieser Bauteile wird voraussichtlich nicht durch die OEM's vorgenommen, sondern von den Zulieferern. Die OEM's werden sich vermutlich vermehrt um neue Geschäftsmodelle kümmern. Dies führt zu einer Verlagerung von Wertschöpfungsanteilen auf die Lieferanten[22].

Zurückzuführen ist dies, aus Sicht der Hersteller, auf den steigenden „Sharing-Gedanken". „Nutzen statt Besitzen" ist ein neuer Megatrend der sich auf die Verkaufszahlen auswirken soll[23]. Das Auto dient nicht mehr als Statussymbol, es wird wieder mehr als Nutzfahrzeug angesehen. Verstärkt wird dieser Effekt durch zunehmenden Parkplatzmangel in Großstädten. Folglich entsteht eine erhöhte

---

[19] Vgl. Jung, Die Entscheidung über die Unternehmensgrenze bei radikaler technologischer Veränderung, 2015, S. 3
[20] Vgl. Schade et al., Sieben Herausforderungen für die deutsche Automobilindustrie, 2014, S. 188
[21] Vgl. lean-managementmethode.de, LEAN Management in der Automobilindustrie / Automotive, 2013
[22] Vgl. Hüttenrauch und Baum, Effiziente Vielfalt, 2008; S. 51
[23] Vgl. isoe.de, Nutzen statt besitzen. Megatrend"Sharing" bringt Elektromobilität voran, 2010

Nachfrage nach kleineren Fahrzeugen. Dies ist neben dem Vorteil für die Elektromobilität, bedingt durch eine Reichweitenerhöhung aufgrund einer Gewichtsreduktion bei der abnehmenden Fahrzeuggröße ein positiver Nutzen für künftige Abnehmer, vor allem für die mit einer verringerten Kaufkraft. Die verringerte Kaufkraft ist maßgeblich auf eine Verschiebung der Absatzmärkte in Schwellenländer begründet, welche in „Kapitel 5.6 Erschließung neuer Märkte" dargestellt wird.

Zusammenfassend lässt sich sagen, dass der zukünftige Markt weitreichend von dem gegenwärtigen abweichen wird. Eine frühzeitige strategische Ausrichtung, die einen potentiellen Wandel zur Elektromobilität berücksichtigt, kann einen möglichen Verlust der Marktführerschaft verhindern.

5   Chancen

Auf die vorhergehenden Kapitel aufbauend, werden Chancen für Zulieferunternehmen abgeleitet, bevor in „Kapitel 6" die Risiken analysiert werden.

5.1   Pionier- / Fast-Follower-Strategie

Markteintrittsstrategien legen fest, wann ein Unternehmen, eine Produktinnovation bzw. ein Produkt auf den Markt bringt. Anhand des Produktlebenszyklus lässt sich eine Unterscheidung in Pionier-, Fast-Follower- und „Nachahmer"-Strategie vornehmen.

Abbildung 2 Markteintrittsstrategien im Produktlebenszyklus

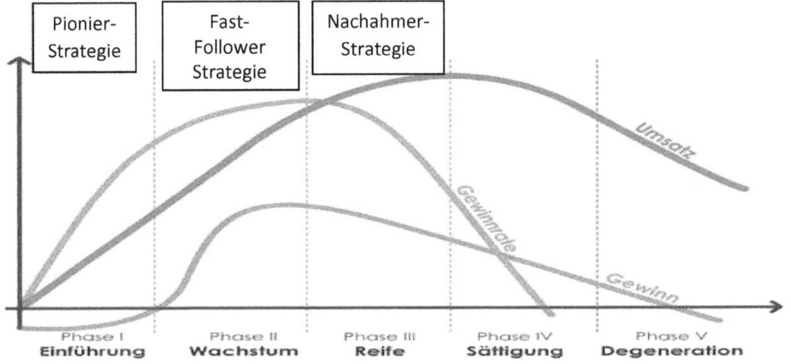

Quelle: Eigene Darstellung in Anlehnung an produktlebenszyklus.net, Der Produktlebenszyklus, 2017

Die Erlangung des Images als Technologieführer ist mit einer der Kernpunkte der Pionierstrategie. Durch diesen Ruf kann sich ein Unternehmen Aufträge sichern, da es zum einen hohen Bekanntheitsgrad erhält und zum anderen von Unternehmen bzw. Kunden beauftragt wird, welche selbst innovativ sein möchten. Dies führt zu dem Erwerb einer lukrativen Marktposition. Weiterhin werden erfahrungsbedingte Rationalisierungseffekte erzielt, welche einen Wettbewerbsvorsprung generieren. Es ist möglich, sich eine temporäre, monopolistische Stellung aufzubauen. Sollte für die Produktion der Güter knappe Ressourcen oder schwer erhältliche Anlagen notwendig sein, hilft hier auch die Vorreiterrolle. Ebenso ist es denkbar, Standards und Normen bei den Neuheiten zu setzen und das geistige Eigentum durch Patente zu schützen.[24]

Bei der Technologieführerschaft handelt es sich um eine liquiditätsintensive Strategie.

---

[24] Vgl. Wallentowitz et al. 2009; Strategien in der Automobilindustrie, 2009, S.123

Ein ausgewogenes Produktportfolio sollte vorhanden sein, dass ein ausreichend positiver Cash-Flow trotz der Innovationsanstrengungen gewährleistet ist.

5.2   Erweiterung des Produktportfolios

Das Produktportfolio ist das Spektrum an Produkten, welche ein Unternehmen produziert bzw. vertreibt[25]. Für eine konstruktive Gestaltung und Entwicklung des Produktportfolios muss die Unternehmensstrategie unmissverständlich festgelegt sein. Ohne eindeutige Unternehmensziele ist die Wahrscheinlichkeit hoch, dass Maßnahmen veranlasst und Entscheidungen gefällt werden, die zu keiner Zielerreichung führen, diese nicht messbar sind und es sich dadurch um Fehlinvestitionen handelt.[26]

Bei der Diversifikation, der Ausweitung der Produktpalette, gibt es drei Varianten. Bei der lateralen Diversifikation handelt es sich um ein für das Unternehmen völlig neues Produkt. Horizontal bedeutet ein neues Produkt aus derselben Wirtschaftsstufe und die vertikale Diversifikation beschäftigt sich mit Produkten aus vor- oder nachgelagerten Wirtschaftsstufen. Die Zulieferer, welche ihre Produkte an die Elektromobilität adaptieren möchten, bewegen sich im Bereich der horizontalen Diversifikation. Diejenigen, die nach völlig neuen Ansätzen suchen, befinden sich in dem Bereich der lateralen Diversifikation.[27]

5.3   Neue Geschäftsmodelle

Mit dem erhöhten Sharing-Gedanken (siehe auch „Kapitel 4 Zukünftiger Markt") bieten sich neue Möglichkeiten für weitere Geschäftsmodelle.

Potentiale gibt es, solange es Ideen gibt.[28] Der Bedarf an neuen Dienstleistungen ist aufgrund der Neuartigkeit der Elektromobilität noch nicht abzusehen. Eine Möglichkeit wäre das Anbieten eines Flottenmanagements für Car-Sharing-Betreiber, welche die sparsamen Elektroautos für urbane Regionen einsetzen. Für die Organisation eines großen Fuhrparkes bedarf es eines durchdachten Prozesses und einer Software, welche die Anforderungen erfüllen kann, wie z. B. die Verarbeitung großer Datenmengen und das Zugreifen vieler Personen auf die Daten. Im Zuge eines solchen Angebots, ist es dem Betreiber möglich, ohne aufwändige Zusatzinvestitionen Informationen über das Fahrverhalten, Fahrzyklen und Kundenanforderungen zu sammeln[29]. Diese können als

---

[25] Vgl. onpulson.de, Produktportfolio, 2017

[26] Vgl. Grimm et al., Portfoliomanagement in Unternehmen, 2014, S. 111

[27] Vgl. wirtschaftslexikon.gabler.de, Diversifikation, 2017

[28] Vgl. Glauner, Zukunftsfähige Geschäftsmodelle und Werte, 2016, S. 70

[29] Vgl. Schade et al., Sieben Herausforderungen für die deutsche Automobilindustrie, 2014, S. 162

Grundlage für Verbesserungen, weitere Geschäftsmodelle oder als Basis für Marktforschungsanalysen dienen.

Ein anderer Ansatzpunkt sind Konzepte rund um die Batterie. Zum Beispiel das Batterie-Leasing. Der Kunde kauft mit dem Auto den Speicher nicht mit. Dieser wird parallel geleast. Dies bringt dem Dienstleister die Möglichkeit der Kundenbindung und weiterer Einnahmen. Außerdem hat der Kunde die Option auf neuere Modelle mit einer besseren Reichweite. Dieses Konzept könnte sich im Rahmen einer Batteriewechselstation abrunden lassen[30]. Der Kunde könnte die Batterie wechseln lassen, wenn die Zeit zum Laden, z. B. aufgrund eines Termins, fehlt.

5.4 Veränderung der UN-Kultur

Corporate Culture, die Unternehmenskultur, umfasst die Kommunikation und die Art des Verhaltens in einer Organisation. Sie ist von Erfahrungen und Insiderwissen geprägt und beschäftigt sich mit Werten, Normen, sowie Glaubens- und Wertevorstellungen.[31] Es gilt einen Rahmen innerhalb der Betriebe zu schaffen, der Innovationen fördert, den Mitarbeitern Freiräume bietet und selbstverantwortliches Arbeiten zulässt[32]. Für das Ablegen von innovationshemmenden Eigenschaften könnte der Wandel zu alternativen Antrieben als Anlass genommen werden[33]. Hierzu zählt eine hierarchieübergreifende Meinungsäußerung, die Bereitschaft, Wissen zu teilen und der gegenseitige Respekt.

Als Lösungsansatz kann die Integration eines Wissensmanagements erfolgen. Diese basiert auf gegenseitigem Vertrauen, einer hierachiefreien und inspirierenden Grundeinstellung und der Förderung des Informationsflusses aller Beteiligten. Werden die genannten Aspekte gelebt, steigt die Motivation der Mitarbeiter und Innovationen – hier speziell im Bereich Elektromobilität – sollten als logisches Resultat die Folge sein[34].

5.5 Erschließung neuer Branchen

Die Elektromobilität bringt spezifische Anforderungen an die Zulieferunternehmen mit sich. Die Bereiche Leichtbau, Elektronik, IT-Systeme und Batterietechnik werden durch diese Antriebsvariante verstärkt nachgefragt. Das Know-How und die Produkte, die entstehen, können in gleicher oder angepasster Form auch für andere Branchen relevant sein. Das Verhältnis des Aufwandes und der Eventualität eines zusätzlichen Absatzmarktes bei einer Diversifikation in andere Branchen, kann aufgrund von

---

[30] Vgl. Yay, Elektromobilität, 2010; S. 65
[31] Vgl. Hermanni, Business Guide für strategisches Management, 2016, S. 241
[32] Vgl. Kai Lange, „Jobmotor statt Jobkiller – weil Google dort nicht hinschaut", 2016
[33] Vgl. Bratzel et al., Automobilzulieferer in Bewegung, 2015; S. 12
[34] Vgl. Gabriele Schiller, Dr. Bernhard v. Guretzky, Bausteine für eine innovationsorientierte wissensbasierte Unternehmenskultur, 2017

Synergieeffekten und der Übereinstimmung an die Bauteile bzw. der Dienstleistungen, mit verhältnismäßig niedrigen Kosten durchgeführt werden.

Eines von vielen Potentialen ist der Bereich Leichtbau aus „3.2 Bedeutung des Leichtbaus", der in die Bereiche Schifffahrt oder Luft- und Raumfahrttechnik transformiert werden kann.

5.6   Erschließung neuer Märkte

Für die Bestimmung der künftigen Wachstumsmärkte der elektrifizierten Fahrzeuge sind die drei Faktoren Urbanisierung, aktuelle PKW Dichte und die verfügbare bzw. erforderliche Kaufkraft der Marktteilnehmer besonders bedeutsam.

Mehr als 50 % der Weltbevölkerung lebt in Städten. In Schwellen- und Entwicklungsländern ist die Tendenz stärker als in Industriestaaten, jedoch auch in diesen nimmt der Trend zu[35]. Der Einfluss auf die Automobilbranche durch dieses Phänomen wurde in „Kapitel 4 Zukünftiger Markt" beschrieben.

Beeinflusst wird der künftige Absatz auch durch das hohe Potential der Nicht-Triade-Staaten[36]. In vielen dieser Länder herrscht eine sehre geringe PKW-Dichte – diese beschreibt die Anzahl von PKW´s pro 1000 Einwohner. In Verbindung mit diesen größtenteils noch Entwicklungsländern, steht die verringerte Kaufkraft der im Verhältnis erheblich ärmeren Bevölkerung.[37]

5.7   Imageverbesserung

Durch die Produktion und das Angebot von umweltschonenden und nachhaltigen Produkten erhöht sich die Kundenzufriedenheit und der Absatz. Ein weiterer positiver Effekt dieser, häufig liquiditätsintensiven marktgetriebenen Maßnahmen, ist eine Verbesserung der Wettbewerbsfähigkeit und der Marktposition.[38]

Je stärker der Wunsch des Endkunden an ein gutes Unternehmensimage, im Bereich der umweltschonenden Technologien ist, desto stärker ist der Autobauer gezwungen, sich geeignete Lieferanten zu akquirieren. Respektive muss sich der Lieferant an das steigende Umweltbewusstsein anpassen, sollte er dies nicht bereits getan haben.

Dass sich negative Schlagzeilen bei dem Thema umweltschonende Technologie, sehr schnell auf den Absatz auswirken können, zeigt ein aktuelles Beispiel. Der Autobauer Volkswagen musste aufgrund des „Absatzskandals" einen Absatzrückgang hinnehmen.

---

[35] Vgl. zukunftsinstitut.de, Megatrend Urbanisierung, 2016
[36] Als Triade-Staaten werden die drei größten Wirtschaftsräume NAFTA, EU und das industrialisierte Ostasien bezeichnet.
[37] Vgl. Hüttenrauch und Baum, Effiziente Vielfalt, 2008, S. 45
[38] Vgl. Thomas Loew, Wettbewerbsvorteile durch CSR, 2010

Dies zeigt deutlich, dass den Kunden ein gutes Image der Unternehmen wichtig ist und direkte Auswirkungen auf das Kaufverhalten hat.[39]

---

[39] vgl. Markus Mechnich, Abgasskandal setzt VW stärker zu, 2016

6   Risiken

„Risiken sind die aus der Unvorhersehbarkeit der Zukunft resultierenden, durch "zufällige" Störungen verursachten Möglichkeiten, von geplanten Zielwerten abzuweichen."[40] Störungen können intern oder extern begründet bzw. verursacht sein. Die Auswirkungen können bis zur existenziellen Bedrohung reichen. Eine Analyse der möglichen Risiken, welche bedingt durch den Übergang zur Elektromobilität für Zulieferer auftreten können, sollen deshalb folgend durchgeführt werden.

6.1   „Fehlendes" Risikomanagementsystem

Risikomanagement beschäftigt sich mit der Identifikation möglicher Risiken, der Bewertung und den resultierenden Maßnahmen.[41] Bei einigen Rechtsformen ist das Risikomanagementsystem nicht explizit verlangt, es fällt dort unter die gesetzlichen Sorgfaltspflichten eines ordentlichen Geschäftsführers[42]. Da es aktuell der Automobilbranche gut geht, ist die Bereitschaft für eine Ressourcenverwendung für die (Weiter-)Entwicklung eines RMS gering, besonders bei kleinen- und mittelständischen Unternehmen. Es ist fraglich, ob die induzierten Veränderungen, durch elektrifizierte Fahrzeuge rechtzeitig erkannt und adäquate Lösungen implementiert werden[43].

---

[40] risknet.de, Risiko, 2017
[41] Vgl. Ebert, Risikomanagement kompakt, 2013, S. 18
[42] Vgl. roedl.de, Gesetzliche Anforderungen an die modernes Risikomanagement: Was müssen mittelständische Familienunternehmen beachten?, 2016
[43] Vgl. IHK Region Stuttgart, Elektromobilität: Zulieferer für den Strukturwandel gerüstet?, 2017

In „Tabelle 4 Externe Risikofaktoren" werden einige der externen Risikofaktoren aufgeführt, die mit zu den bedrohlichsten gehören.

Tabelle 4 Externe Risikofaktoren

Externer Risikofaktor	Erläuterung
„Scheitern" der Batterietechnologie	Ausbleiben von Kostenreduktionsmöglichkeiten Ausbleibende Reichweitenerhöhung
Gesetzliche Änderungen	Wegfall von Subventionen als Risiko Anforderungen an Neufahrzeuge als „KO-Kriterium"
Wegfall der Technologieführerschaft	Chinesische Unternehmen sind Konkurrenz bei Elektronikkomponenten
OEM als Unsicherheitsfaktor	Falsche strategische Positionierung kann sich durch die Wertschöpfungskette, bis zu den Zulieferern, auswirken
Marktakzeptanz der Elektroautos	Lehnt der Markt die neuen Antriebe ab, wirkt sich das negative auf getätigte Investitionen und Ausrichtungen der Organisationen aus
Batterietechnologie – Asien	Großteil des Absatzvolumens von Hochvoltspeichern wird im asiatischen Raum produziert.[44] Technologievorsprung aufholbar?

Quelle: Eigene Darstellung

Für den technologischen Bereich scheinen Indikatoren aus dem Bereich Forschung und Entwicklung (z. B. wissenschaftliche Veröffentlichungen oder Patentanmeldungen) konstruktiv zu sein. So gelingt es neue Technologien zu erkennen, noch bevor sie als serienreife Produkte auf den Markt gelangen.

6.2   Wegfall von Produkten

Mit einem Rückgang der Nachfrage nach Bauteilen für Fahrzeuge mit Verbrennungsmotor, welche in „Kapitel 3.1.2 Konventioneller Antriebsstrang" dargestellt wurden, werden einige Herausforderungen auf die Betriebe zukommen. Ein Aspekt ist der wegebrechende Absatz und eine damit verbundene Gewinnreduzierung. Auch sind Anlangen und Prozesse auf die bisherigen Produkte ausgerichtet. Ebenso sind interne Prozesse wie Distribution, Logistik und weitere Funktionalbereiche auf das bestehende Portfolio abgestimmt.

Auch gibt es Zulieferer für Materialien und Zukaufteile. Durch Rahmenverträge und längerfristige Vereinbarungen werden Abnahmemengen garantiert, jedoch bei einer Marktveränderung nicht vollständig benötigt werden, aber weiterhin Kosten verursachen.

---

[44] Abbildung der größten Hersteller für Batterien für Elektroautos sind im Anhang zu finden

6.3   Wegfall von Kernkompetenzen

Eine Reduktion des Bedarfs an die oben genannten Komponenten führt auch zu einer Veränderung an die Anforderungen der Kernkompetenzen. Seit Jahrzehnten sehen sich Mitarbeiter und Ingenieure mit dem konventionellen Antriebsstrang verbunden. Die Möglichkeit, dass diese Technik verdrängt wird, scheint nicht real, eine gewisse „Pfadabhängigkeit" hat sich entwickelt[45]. Es braucht nicht nur die fachliche Qualifikation für Innovationen, sondern auch das Verständnis der Beteiligten und Akzeptanz sich darauf einzulassen. Die Prozesse umzustrukturieren, die neuen Rahmenbedingungen kennen zu lernen und sich Know-How aufzubauen, ist ein langwieriger, aber notwendiger, Prozess. Einige Jahre werden die Technologien der Antriebsstränge parallel gefordert sein. Die alten Kompetenzen zu tragen und neue aufzubauen, wird eine der großen Aufgaben für künftige Führungskräfte.

6.4   Human Resources

Human Resources sind das Wissen, die Fähigkeiten sowie die Motivation der Mitarbeiter. Definiert wird dies nicht über die Anzahl der Mitarbeiter, sondern über ihr Leistungspotential.[46]

Mit einer Veränderung des Marktes ist auch eine Veränderung im Bereich der Personalwirtschaft erforderlich. Zwei Bereiche des Human Ressource Managements sollen folgend geschildert werden.

6.4.1   *War for Talents*

Der Fachkräftemangel unter dem viele Unternehmen leiden, wird bis 2020 weiterhin zunehmen. Insbesondere exportierende Branchen haben Probleme mit der geringen Anzahl an qualifizierten Bewerbern.[47] Es ist davon auszugehen, dass in den Bereichen der Elektrotechnik die Nachfrage, gemeinsam mit der nach Elektromobilen steigen wird, ebenso in den Schlüsseltechnologien rund um diese Technologie. Diese umfassen die Aspekte Gesamtfahrzeugsystem, Batterieentwicklung und -Integration, Energiemanagement und Werkstoff- und Materialforschung[48]. Um sich als Organisation im Kampf um die geringe Anzahl an Nachwuchstalenten durchsetzen zu können, benötigt es u.a. einer hohen Attraktivität der Berufsbilder und eines guten Unternehmensimages.

---

[45] Vgl. Schade et al., Sieben Herausforderungen für die deutsche Automobilindustrie, 2014, S. 152 - 153
[46] Vgl. softgarden.de, Human Resources, 2017
[47] Vgl. McKinsey Deutschland, Wettbewerbsfaktor Fachkräfte, 2011
[48] Vgl. VDI Technologiezentrum GmbH, STROM – Schlüsseltechnologien für die Elektromobilität, 2010

6.4.2 Umschulung der Mitarbeiter

Angestellte, die seit vielen Jahren die Organisation begleiten, verfügbaren über fundamentales Wissen über ihre Aufgabenbereiche und die Firma. Es gilt diese Mitarbeiter frühzeitig auf einen möglichen technologischen Wandel vorzubereiten. Zwei Punkte sind hierfür ausschlaggebend. Zum einen sollten Fort- und Weiterbildungsmaßnahmen durchgeführt werden, um die fachlichen Anforderungen auch künftig bestmöglich zu erfüllen[49]. So bleibt das Wissen über interne Prozesse erhalten und garantiert ein notwendiges Maß an Stabilität. Zum anderen müssen die persönlichen Barrieren gegen Veränderungen verringert werden. Jeder Mitarbeiter muss für einen Wandel bereit sein und diesen wollen. Die Motivation ist ein zentraler Aspekt für den Erfolg von Change-Management-Maßnahmen. Nur so kann sich das Unternehmen ganzheitlichen erfolgversprechend auf die elektrisierten Variationen der Zukunft vorbereiten.

---

[49] Vgl. McKinsey Deutschland, Wettbewerbsfaktor Fachkräfte, 2011

7   Fazit

Diese Arbeit beschäftigt sich mit der Ermittlung der Chancen und Risiken für Automobilzulieferer bedingt durch den Wandel vom Verbrennermotor hin zur Elektromobilität.

Zu Beginn wurde der aktuelle Markt analysiert. Besonders bedeutsam sind die politischen Maßnahmen aufgrund ihrer hohen Tragweite, die wirtschaftlichen Faktoren, welche durch den Kostendruck der Branche entstehen und die technologischen Aspekte, welche in einem darauffolgenden Kapitel noch näher beleuchtet wurden. Die technologiebedingten Änderungen werden durch die langjährig etablierten, wegfallenden Komponenten und zahlreich hinzukommenden Komponenten verursacht. Ebenso durch eine steigende Bedeutung, die dem Leichtbau zugeschrieben wird, da hierdurch die Effizienz sämtlicher Fahrzeuge gesteigert werden kann.

Die Prognose für den künftigen Markt hat gezeigt, dass die Durchsetzung der Elektromobilität maßgeblich von dem Verlauf der Kosten und der zu erzielenden Reichweite durch die Batteriespeicher bestimmt ist. Sollte sich diese Technologie bewähren, müssten sich die Unternehmen verstärkt mit revolutionären Innovationen beschäftigen. Evolutionäre Innovationen, wie sie aktuell zur Effizienzsteigerung erzielt werden, reichen nicht für einen so grundlegenden Wandel.

Bei der Chancenermittlung ergab sich, dass eine Positionierung als Technologieführer der Elektroautos erforderlich zu sein scheint, um die künftigen Wachstumsmärkte abschöpfen zu können. Notwendige Schlüsseltechnologien können verwendet werden, um neben der Produktdiversifikation eine Steigerung des Images als umweltschonende Organisation zu erlangen.

Dem stehen Risiken entgegen. Vor allem extern nicht beeinflussbare Faktoren müssen über Frühwarnindikatoren im Rahmen eines Risikomanagementsystems handhabbar gemacht werden. Zudem wird das Wegfallen von bisher geforderten Kernkompetenzen die Firmen vor Herausforderungen stellen. Damit diese bewältigt werden können, braucht es Mitarbeiter, die qualifiziert sind, eine neue Technologie zu entwickeln und zu fördern. Eine solche Qualifikation bezieht sich neben der fachlichen Eignung vor allem auf die persönliche Bereitschaft eine Veränderung zu durchlaufen.

Literaturverzeichnis

Bratzel, Stefan; Retterath, Gerd; Hauke, Niels; Tellermann, Ralf; Bretz, Patrick; Bauckloh, Tobias; Graeser, Stefan (Hg.) (Automobilzulieferer in Bewegung, 2015): Automobilzulieferer in Bewegung. Strategische Herausforderungen für mittelständische Unternehmen in einem turbulenten Umfeld. 1. Auflage. Baden-Baden: Nomos edition sigma (Forschung aus der Hans-Böckler-Stiftung, 171), 2015

Dünser, Beatrix (Erfolgsplanung in KMU, 2013): Strategische Erfolgsplanung in KMU // Gezielte Erfolgsplanung in KMU. Zielorientierung als strategisches Controlling-Instrument. Zugl.: Dornbirn, Fachhochsch. Voralberg, Masterarbeit. Wiesbaden: Springer Gabler (Springer Gabler Research), 2013

Ebert, Christof (Risikomanagement kompakt, 2013): Risikomanagement kompakt. Risiken und Unsicherheiten bewerten und beherrschen. 2., überarb. u. erw. Aufl. 2013. Berlin, Heidelberg, s.l.: Springer Berlin Heidelberg (IT kompakt), 2013

Friedrich, Horst E. (Leichtbau, 2013): Leichtbau in der Fahrzeugtechnik. Wiesbaden: Springer Fachmedien Wiesbaden, 2013

Glauner, Friedrich (Zukunftsfähige Geschäftsmodelle, 2016): Zukunftsfähige Geschäftsmodelle und Werte. Strategieentwicklung und Unternehmensführung in disruptiven Märkten. Berlin, Heidelberg: Springer Gabler, 2016

Grimm, Reinhard; Schuller, Markus; Wilhelmer, Raimund (Portfoiomanagement, 2014): Portfoliomanagement in Unternehmen. Leitfaden für Manager und Investoren. Wiesbaden: Springer Gabler, 2014

Hermanni, Alfred-Joachim (Business Guide, 2016): Business Guide für stratgisches Management // Business Guide für strategisches Management. 50 Tools zum geschäftlichen Erfolg. Wiesbaden: Springer Gabler, 2016

Hüttenrauch, Mathias; Baum, Markus (Effiziente Vielfalt, 2008): Effiziente Vielfalt. Die dritte Revolution in der Automobilindustrie. Berlin, Heidelberg: Springer-Verlag Berlin Heidelberg, 2008

Hüttl, Reinhard F.; Pischetsrieder, Bernd; Spath, Dieter (2010): Elektromobilität. Berlin, Heidelberg: Springer Berlin Heidelberg, 2010

Jung, Benjamin (Entscheidungen bei technologischer Veränderung, 2015): Die Entscheidung über die Unternehmensgrenze bei radikaler technologischer Veränderung. Das Beispiel der Automobilindustrie im Übergang in die Elektromobilität. Zugl.: Duisburg-Essen, Univ., Diss., 2014. Wiesbaden: Springer Gabler (Research), 2015

Landgraf, Johannes (Hg.) (Forschungsprojekt e-perfomance, 2013): Forschungsprojekt e-performance. Modularer Systembaukasten für elektrifizierte Fahrzeuge ; [Abschlussbericht Gesamtvorhaben ; Laufzeit des Vorhabens: 01.10.2009 - 31.03.2013]. 1. Aufl. Göttingen: Cuvillier, 2013

Roth, Siegfried (Innovationsfähigkeit im dynamischen Wettbewerb, 2012): Innovationsfähigkeit im dynamischen Wettbewerb. Strategien erfolgreicher Automobilzulieferunternehmen. Zugl.: Darmstadt, Techn. Univ., Diss., 2011. Wiesbaden: Springer Gabler (Springer Gabler Research), 2012

Schade, Wolfgang; Zanker, Christoph; Kühn, André; Hettesheimer, Tim (Hg.) (Herausforderungen für die deutsche Automobilindustrie, 2014): Sieben Herausforderungen für die deutsche Automobilindustrie. Strategische Antworten im Spannungsfeld von Globalisierung, Produkt- und Dienstleistungsinnovationen bis 2030. 1. Auflage. Baden-Baden: Nomos Verlagsgesellschaft mbH & Co. KG, 2014

Sommer, Karl (Geschäftsmodelle bei technologischer Veränderung, 2016): Länderspezifische Unterschiede bei der Veränderung von Geschäftsmodellen bei tiefgreifender technologischer Veränderung. Dissertation (Schriftenreihe strategisches Management, Band 193), 2016

Wallentowitz, Henning; Freialdenhoven, Arndt; Olschewski, Ingo (Hg.) (Strategien in der Automobilindustrie, 2009): Strategien in der Automobilindustrie. Technologietrends und Marktentwicklungen. 1. Aufl. Wiesbaden: Vieweg+Teubner Verlag / GWV Fachverlage GmbH Wiesbaden (ATZ/MTZ-Fachbuch), 2009

Yay, Mehmet (Elektromobilität, 2010): Elektromobilität. Theoretische Grundlagen, Herausforderungen sowie Chancen und Risiken der Elektromobilität, diskutiert an den Umsetzungsmöglichkeiten in die Praxis. Frankfurt, M.: Lang, 2010

Online-Quellen

Andreas Burkert (Leichtbau, 2015): Wenn der Leichtbau der Elektromobilität Flügel verleiht. Online verfügbar unter https://www.springerprofessional.de/elektromobilitaet/leichtbau/wenn-der-leichtbau-der-elektromobilitaet-fluegel-verleiht/6559206, zuletzt aktualisiert am 27.01.2017, 15:58 MEZ

bmub.bund.de: Die EU-Verordnung zur Verminderung der CO2 - Emissionen von Personenkraftwagen (EU-Verordnung, 2008). Online verfügbar unter http://www.bmub.bund.de/fileadmin/bmu-import/files/pdfs/allgemein/application/pdf/eu_verordnung_co2_emissionen_pkw.pdf, zuletzt geprüft am 30.01.2017; 17:23 MEZ

Christoph M. Schwarzer und Matthias Breitinger (Kaufprämie für Elektroautos, 2016): So funktioniert die Kaufprämie für Elektroautos. Online verfügbar unter http://www.zeit.de/mobilitaet/2016-04/elektroauto-kaufpraemie-bestseller, zuletzt aktualisiert am 03.01.2017; 15:20 MEZ

Dr. Elke Theobald: Pestel-Analyse (Pestel-Analyse, 2017): Online verfügbar unter https://www.management-monitor.de/de/infothek/whitepaper_pestel_Analyse.pdf, zuletzt geprüft am 03.01.2017, 15:30 MEZ

Gabriele Schiller, Dr. Bernhard v. Guretzky (Innovationsorientierte Unternehmenskultur, 2017): Bausteine für eine innovationsorientierte, wissensbasierte Unternehmenskultur. Online verfügbar unter http://www.community-of-knowledge.de/fileadmin/user_upload/attachments/schiller-guretzky-ID183.pdf, zuletzt geprüft am 11.02.2017, 18:20 MEZ

IHK Region Stuttgart (Strukturwandel durch Elektromobilität, 2011): Elektromobilität: Zulieferer für den Strukturwandel gerüstet? Online verfügbar unter http://presseservice.region-stuttgart.de/fileadmin/user_upload/presseservice/Texte/Studie_Elektromobilitaet_Zulieferer_fuer_den_Strukturwandel.pdf, zuletzt aktualisiert am 07.02.2017, 16:10 MEZ

isoe.de: Nutzen statt besitzen: Megatrend„Sharing" bringt Elektromobilität voran (Megatrend "Sharing", 2013): Online verfügbar unter http://www.isoe.de/no_cache/wissenskommunikation/aktuelles/news-single/nutzen-statt-besitzen-megatrend-sharing-bringt-elektromobilitaet-voran/?tx_ttnews%5Bday%5D=12&tx_ttnews%5Bmonth%5D=09&tx_ttnews%5Byear%5D=2013&cHash=222dcb36d683aaa4b52808db9b6c99fb&sword_list%5B0%5D=besitzen&sword_list%5B1%5D=nutzen, zuletzt geprüft am 03.02.2017; 20:10 MEZ

Kai Lange: "Jobmotor statt Jobkiller - weil Google dort nicht hinschaut" (Auswirkungen der Digitalisierung auf Job's, 2016): Online verfügbar unter http://www.manager-magazin.de/unternehmen/industrie/digitalisierung-deutsche-unternehmen-aus-mittelstand-sind-gewinner-a-1091761-3.html, zuletzt geprüft am 11.02.2017, 18:05 MEZ

lean-managementmethode.de (LEAN-Management, 2013): LEAN Management in der Automobilindustrie / Automotive. Online verfügbar unter http://lean-managementmethode.de/lean/automobilindustrie/, zuletzt geprüft am 25.02.2017, 14:30 MEZ

lfu.bayern.de (Betrieblicher Umweltschutz, 2014): Betrieblicher Umweltschutz mit Umweltmanagementsystemen. Online verfügbar unter https://www.lfu.bayern.de/umweltwissen/doc/uw_12_betrieblicher_umw eltschutz.pdf, zuletzt geprüft am 14.02.2017; 15:15 MEZ

Markus Mechnich: Abgasskandal setzt VW stärker zu (VW-Abgasskandal, 2016): Online verfügbar unter http://www.handelsblatt.com/unternehmen/industrie/auto-absatz-in-deutschland-abgasskandal-setzt-vw-staerker-zu/12912094.html, zuletzt geprüft am 25.02.2017, 14:42 MEZ

McKinsey Deutschland: Wettbewerbsfaktor Fachkräfte (Wettbewerbsfaktor Fachkräfte, 2011): Online verfügbar unter https://www.mckinsey.de/files/fachkraefte.pdf, zuletzt geprüft am 12.02.2017, 13:37 MEZ

onpulson.de: Produktportfolio (Produktportfolio, 2017), Online verfügbar unter http://www.onpulson.de/lexikon/produktportfolio/, zuletzt geprüft am 11.02.2017, 17:57 MEZ

produktlebenszyklus.net: Der Produktlebenszyklus (Produktlebenszyklus, 2017): Online verfügbar unter http://produktlebenszyklus.net/, zuletzt geprüft am 25.02.2017, 14:50 MEZ

risknet.de: Risiko (Definition Risiko, 1999), Online verfügbar unter https://www.risknet.de/wissen/glossar/risiko-definition/80fb53201a193409a52cd9bf742a8aa6/?tx_contagged%5Bso urce%5D=default, zuletzt geprüft am 10.02.2017, 15:43 MEZ

roedl.de: Gesetzliche Anforderungen an ein modernes Risikomanagement: Was müssen mittelständische Familienunternehmen beachten? (Risikomanagement, 2016), Online verfügbar unter http://www.roedl.de/themen/risikomanagement-im-mittelstand/risikomanagement-gesetzliche-anforderungen, zuletzt geprüft am 03.02.2017, 19:58 MEZ

Siegfried Roth: Innovationsstrategien erfolgreicher Automobilzulieferer (Innovationsstrategien, 2008), Online verfügbar unter http://www.fastev-berlin.org/roth_praes%20innovationsstrategien%2011-2008.pdf, zuletzt geprüft am 31.01.2017, 17:10 MEZ *softgarden.de*: Human Resources (Human Resources, 2017). Online verfügbar unter https://www.softgarden.de/ressourcen/glossar/human-resources-hr/, zuletzt geprüft am 12.02.2017, 13:30 MEZ

stahlpreise.eu (2016): Stahlpreis Prognose 2017: Experten sehen Aufwärtsbewegung (Prognose Stahlpreise, 2017), Online verfügbar unter http://www.stahlpreise.eu/2016/08/stahlpreis-prognose-2017-experten-sehen-anstieg.html, zuletzt aktualisiert am 23.01.2017, 16:01 MEZ

statista.com: Größte Hersteller von Batterien für Elektroautos weltweit nach Absatz im Jahr 2015 (in Megawattstunden) (Batteriehersteller, 2016) Online verfügbar unter https://de.statista.com/statistik/daten/studie/490657/umfrage/ranking-zu-den-groessten-herstellern-von-batterien-fuer-e-autos-nach-absatz/, zuletzt geprüft am 31.01.2017, 17:03 MEZ

Thomas Loew, Jens Clausen: Wettbewerbsvorteile durch CSR. Eine Metastudie zu den Wettbewerbsvorteilen von CSR und Empfehlungen zur Kommunikation an Unternehmen (Wettbewerbsvorteile durch C SR, 2010), Online verfügbar unter http://www.4sustainability.de/fileadmin/redakteur/bilder/Publikationen/Loew-Clausen-2010-Wettbewerbsvorteile-durch-CSR-Gutachten-fuerBMAS.pdf, zuletzt geprüft am 25.02.2017; 14:43 MEZ

VDI Technologiezentrum GmbH: STROM - Schlüsseltechnologien für die Elektromobilität (Schlüsseltechnologien, 2010), Online verfügbar unter http://www.vditz.de/bekanntmachung/strom-schluesseltechnologien-fuer-die-elektromobilitaet/, zuletzt geprüft am 14.02.2017, 15:07 MEZ

wirtschaftslexikon.gabler.de: Diversifikation (Diversifikation, 2017), Online verfügbar unter http://wirtschaftslexikon.gabler.de/Definition/diversifikation.html, zuletzt geprüft am 11.02.2017, 15:40 MEZ

Wolfgang Schade et al.: Zukunft der Automobilindustrie (Zukunft der Automobilindustrie, 2012), Online verfügbar unter https://www.tab-beim-bundestag.de/de/pdf/publikationen/berichte/TAB-Arbeitsbericht-ab152.pdf, zuletzt geprüft am 31.01.2017, 13:33: MEZ

zukunftsinstitut.de: Megatrend Urbanisierung (Megatrend Urbanisierung, 2016), Online verfügbar unter https://www.zukunftsinstitut.de/dossier/megatrend-urbanisierung/, zuletzt geprüft am 12.02.2017, 13:27 MEZ

Anhang

Abbildung 3 Größte Hersteller von Batterien für Elektroautos

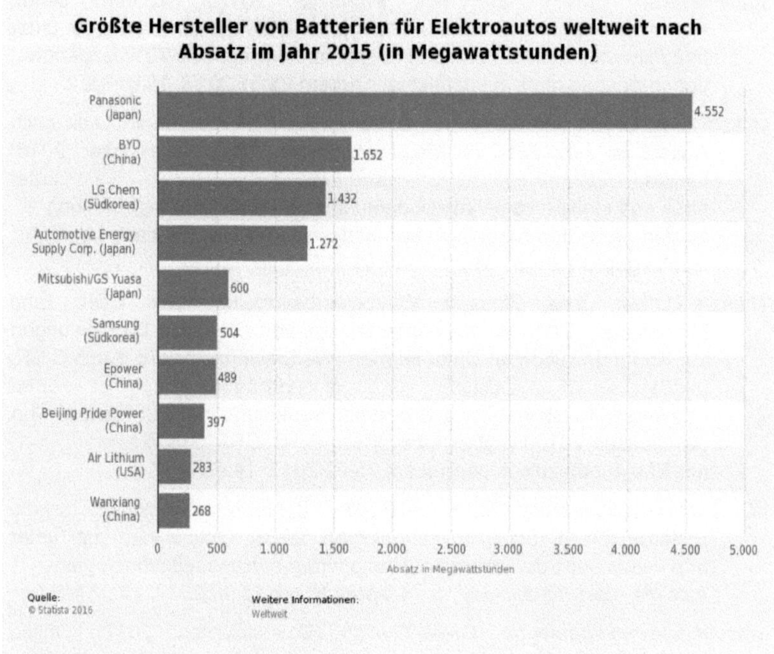

Quelle: statista.com, Größte Hersteller von Batterien für Elektroautos weltweit nach Absatz im Jahr 2015 (in Megawattstunden, (2016)